DE

LA THÉRAPEUTIQUE

SES TENDANCES

ET SES ALLURES AUX JOURS PRÉSENTS

DISCOURS

Lu à la séance publique annuelle de la Société de médecine
le 9 février 1880

PAR

LE DOCTEUR RAMBAUD

PRÉSIDENT

———→>>>✕<<<←———

LYON

ASSOCIATION TYPOGRAPHIQUE

C. RIOTOR, rue de la Barre, 12.

—

1880

DE

LA THÉRAPEUTIQUE

SES TENDANCES

ET SES ALLURES AUX JOURS PRÉSENTS

DISCOURS

Lu à la séance publique annuelle de la Société de médecine
le 9 février 1880

PAR

LE DOCTEUR RAMBAUD

PRÉSIDENT

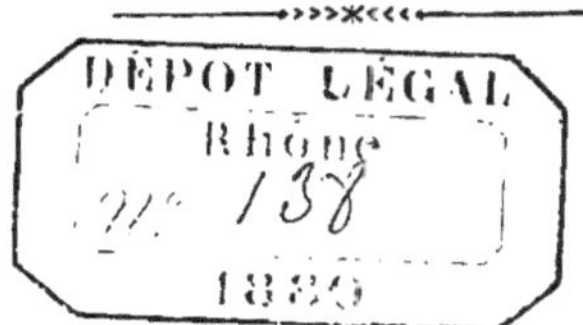

LYON

ASSOCIATION TYPOGRAPHIQUE

C. RIOTOR, rue de la Barre, 12.

1880

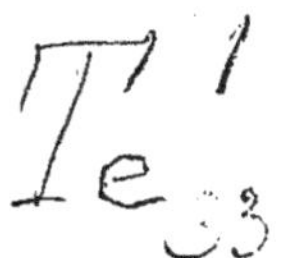

DE

LA THÉRAPEUTIQUE

SES TENDANCES

ET SES ALLURES AUX JOURS PRÉSENTS

Messieurs,

Plus heureux que l'année dernière, nous n'avons aujourd'hui aucun deuil à déplorer parmi nous, et arrivé au terme des fonctions éminentes que votre confiance et votre estime ont bien voulu me confier, et dont je resterai toujours reconnaissant, ce m'est une tâche bien douce de n'avoir à signaler dans votre vie académique, pour l'exercice écoulé, que des événements et des faits qui ne peuvent qu'ajouter à l'honneur et au lustre de votre Compagnie.

Vos suffrages vous ont donné trois nouveaux collègues, pour combler les vides faits dans vos rangs, et la fortune a voulu qu'ils fussent tous les trois, à des titres divers, aussi éminents que vous puissiez le souhaiter.

M. le docteur Clément, le premier en date, médecin des hôpitaux, clinicien exercé, agrégé de la Faculté, chargé temporairement d'un enseignement que nous espérons bien voir devenir définif, auteur de travaux importants, dont quelques-uns, notamment celui sur la réfrigération dans l'évolution de la variole, ont occupé et intéressé à un haut degré plusieurs de vos séances avant qu'il siégeât parmi vous.

M. le professeur Renaut, que la création de la Faculté de médecine a fait notre compatriote, et qui a importé chez nous une science et un enseignement qui ont fait sur la jeune génération médicale une impression profonde, qui déjà s'est manifestée par plusieurs thèses remarquables, et qui nous promet, à nous vieux praticiens, des éclaircissements et des lumières d'une grande valeur sur bien des points obscurs de notre science ; témoins les deux mémoires tout récemment publiés sur une forme anatomique de la tuberculose et sur certaines conditions qui commandent et expliquent la défaillance cardiaque.

Maître autorisé dans cette jeune science qui a déjà dévoilé tant de secrets cachés dans l'intimité des tissus, il réserve, à coup sûr, de larges satisfactions à notre ardente curiosité, qui se plaît à espérer qu'elle apprendra de lui les raisons déterminantes de bien des processus que nous ne connaissons encore que sous leurs apparences les plus grossières.

Le troisième, M. Joseph Teissier, dont le nom à lui seul serait déjà une promesse ; car bon sang ne peut mentir ni défaillir, mais qui a pris soin, tout jeune encore, de se montrer à la hauteur de l'héritage et du nom paternel, en publiant une thèse et un livre que vous avez tous lus et appréciés comme ils le méritent, et en conquérant coup sur coup et glorieusement par le concours sa place dans les hôpitaux et à la Faculté.

A tous les trois et en votre nom je souhaite de nouveau la bienvenue, et je témoigne la satisfaction que nous éprouvons à les voir siéger parmi nous.

Comme toujours, les travaux les plus divers ont occupé vos séances et défrayé vos discussions. Je ne veux ni ne saurais utilement les analyser tous aujourd'hui. Mais je veux au moins rappeler à vos souvenirs les utiles et consciencieux rapports trimestriels sur les maladies régnantes de notre collègue le docteur P. Meynet : rapports complets, lucides, judicieux, parfaitement écrits, éminemment utiles aux médecins de la région, qui peuvent ainsi embrasser d'un coup d'œil l'ensemble des faits morbides de la saison dont ils n'ont pu voir chacun qu'une minime partie.

Dans un long et intéressant mémoire sur les enfants abandonnés et sur l'institution des tours, question que beaucoup d'entre nous pouvaient croire définitivement jugée, M. Delore vous a soumis une série de documents du plus haut intérêt, et a provoqué dans votre sein une discussion à laquelle l'amour du bien et la compétence de ceux qui y ont pris part a donné une animation extrême et quelque peu passionnée, qui vous a conduits à formuler sur cette grave matière des conclusions médicales et sociales d'une grande importance, et qui pourront sans doute éclairer le jugement et les décisions des législateurs appelés peut-être prochainemant à se prononcer sur cette importante affaire.

Sur un point de pathologie limité et afférent à des études spéciales, notre savant et spirituel secrétaire général vous a communiqué les résultats de ses observations cliniques durant l'automne dernier. Malgré ses apparences modestes et sans prétentions, ce travail vous a inspiré un très-vif attrait, parce qu'il soulevait la question si intéressante des influences saisonnières sur des actes morbides d'origine virulente ; influences trop souvent méconnues ou oubliées, et dont la constatation par un homme de la compétence de M. Diday avait une valeur et une saveur toute particulière, parce qu'il constituait une œuvre clinique, originale, qui rendait hommage à une de ces vieilles vérités médicales qui, en dépit des écoles et des doctrines passagères, remontent toujours à la surface de la science, comme le liége immergé remonte à la surface de l'eau.

Bien d'autres travaux encore, que je passe sous silence, ont défrayé vos séances ; je n'en veux retenir et signaler que le but et la tendance générale qui inclinent toujours à la guérison des maux et des misères que nous avons mission d'étudier, et j'en prendrai occasion de vous entretenir en quelques mots des allures et des progrès de la thérapeutique en général au jour où nous sommes.

Le désir et le besoin de guérir ont créé la thérapeutique ; en face de l'homme souffrant, on s'est évertué à chercher ce qui pouvait le soulager ; l'instinct a certainement été le premier maître ; on a couché celui qui ne pouvait plus se tenir debout, on a rafraîchi celui que dévorait la chaleur, réchauffé celui qui avait froid, et abreuvé celui qui avait soif ; puis l'observation survenant et interrogeant l'expérience, on a colligé la série des moyens et des substances qui avaient paru modifier la souffrance et on a constitué le premier codex.

Avec le temps, avec les siècles, cette matière médicale s'est accrue, développée, modifiée et compliquée sans ordre et sans méthode, le plus souvent sous l'empire de l'idée préconçue qu'on avait de la maladie et de l'action du remède ou des remèdes préconisés. Si bien que pendant longtemps on a pu dire, en toute justice, que la thérapeutique se réduisait à une collectiou de recettes médicales plus ou moins informes, plus ou moins singulières, ayant la prétention de modifier en bien des actes morbides, dont la valeur, la signification, la marche se précisaient cependaut de mieux en mieux et de manière à se condenser en une notion nosologique ou pathologique vraiment scientifique.

Cette notion et ses perfectionnements, en réclamant de la thérapeutique un concours plus efficace et en précisant ses *desiderata*, a imprimé à celle-ci une marche plus régulière et plus ferme.

On a dit ce que c'était, ou tout au moins ce que ce pouvait bien être que l'inflammation, la fièvre, le spasme, la fluxion, l'hydropisie, la dyspnée, l'excès de force ou de faiblesse, la perversion des actes morbides, les excès ou les défauts des sécrétions, etc., etc.; et de l'idée théorique, plus ou moins légitimement fondée sur une observation, malhabile chez les uns, ou inspirée par le génie chez les autres, on a conclu à une indication qui avait au moins le mérite de la précision. Le rapport entre le mal et le remède s'est affirmé et serré.

La notion, encore trop exclusivement synthétique de la maladie, s'est éclairée d'un commencement d'analyse, et dans l'ensemble de la symptomatologie on a saisi des actes notoirement plus importants que les autres, par la direction qu'ils imposaient au mal; et on a demandé à la thérapeutique les moyens de les corriger, de les enrayer ou de les diriger du côté du bien.

C'était là un véritable progrès qui, encore aujourd'hui, mérite tous nos respects et veut être pris en sérieuse considération dans l'attaque thérapeutique.

Mais évidemment, pour que celle-ci atteigne à son summum d'intensité d'action, de précision et d'utilité, il faut que la notion pathologique précise ses *desiderata*, détermine la valeur et la genèse du symptôme et constate les causes du trouble fonctionnel.

Cette recherche se poursuit depuis des siècles; mais jamais elle n'avait montré une énergie pareille à celle que nous lui voyons aujourd'hui, et jamais elle n'avait réalisé en si peu de temps de semblables progrès.

La thérapeutique en a-t-elle profité ? et dans quelle mesure ? C'est là ce que je voudrais examiner rapidement et sommairement, et à coup sûr, d'un façon fort incomplète, pour une question de cette importance.

Les recherches modernes ont déterminé rigoureusement le mécanisme, les conditions et le but physiologique de la sécrétion urinaire, et montré en quoi et comment une atteinte portée à la fonction produisait une atteinte à la santé ou une menace à la vie ; on sait pertinemment aujourd'hui qu'une brusque modification de la peau par le froid ou par une éruption aiguë, généralisée, que la présence dans le sang de certains éléments alibiles (cantharides, acide urique, etc.), que certaines diathèses (tuberculose), que des changements dans la pression sanguine provoquent sûrement dans le rein des processus divers qui modifient sa texture, pervertissent ou tendent à supprimer sa fonction. Et enfin que cette suppression de la fonction se traduit infailliblement par une symptomatologie très-nette et très-suffisamment appréciable pour qui sait chercher.

La notion du mal, dans sa genèse, son évolution et sa fin, est parfaitement nette et précise, et suggère immédiatement une thérapeutique sinon infaillible, au moins absolument logique et souvent heureuse. Si la cause bien connue peut être écartée, si le processus bien apprécié peut être enrayé, l'organe sera sauvé et la fonction réintégrée.

Si l'organe déjà trop compromis ne peut être restauré, la fonction bien appréciée dans sa déchéance pourra toujours être suppléée dans une certaine mesure par une émonction demandée à d'autres organes et par la régénérescence thérapeutique du sang.

Si bien qu'on peut dire très-assurément que la science moderne en créant de toute pièce la notion anatomique et

physiologique des néphrites, en constituant par la chimie
et le microscope les moyens assurés de constater et de suivre
le processus morbide, a provoqué du même coup un progrès
thérapeutique décisif et des plus légitimes.

De même pour les maladies du cœur : la physiologie a
déterminé rigoureusement les conditions mécaniques de la
circulation intra et extra-cardiaque, le rôle du muscle et des
nerfs; l'anatomie pathologique et la pathologie ont constaté
la genèse des lésions, et les signes par lesquels elles se
révèlent à l'oreille, à la vue, à la main, leurs conséquences
immédiates et lointaines, leur évolution suivant des règles
rigoureusement appréciables. Et de cet ensemble de notions
très-nettes et aujourd'hui familières même à l'étudiant a
jailli une série d'indications très-précises que la thérapeutique a eu mission de remplir, et qu'elle a effective-
ment remplies au profit du malade et à la gloire de la
science.

Avec la médication hydro-thermale elle a pu guérir des
lésions autrefois réputées indélébiles; avec le secours des
substances pharmaceutiques dont le laboratoire avait déterminé sûrement le mode et l'énergie d'action, elle a pu créer,
maintenir, soutenir ces faits de compensation thérapeutique
qui, s'ils ne rétablissent pas définitivement la fonction, la
restaurent cependant passagèrement et souvent de manière
à prolonger l'existence et à atténuer les douleurs et les an-
goisses de l'infirmité.

Le rein et le cœur, la dépuration urinaire et la circulation
sanguine, sont des organes et des fonctions d'un accès relativement facile. Les difficultés de l'investigation et de l'ap-
préciation prennent soudain des proportions redoutables
quand il s'agit des premiers actes de l'assimilation, de l'exa-
men et de l'étude des phénomènes hygides et morbides du

tube digestif et du foie. Cependant, là encore, que de progrès réalisés par la thérapeutique moderne !

Les divers processus rigoureusement constatés, dans leurs origines et leurs conséquences histologiques ultimes, ont permis de constituer une action préventive, souveraine, et de créer une hygiène capable de prévenir la maladie, de l'arrêter dès ses premières manifestations, ou de l'enrayer au moins dans ses progrès alors qu'elle est déjà irréductible.

On a cherché et on cherche encore à déterminer exactement les conditions de la fonction, et s'autorisant de ce qu'on découvrait chaque jour, on a pensé qu'à l'impuisance de l'organe dégénéré définitivement on pourrait substituer dans une certaine mesure une action artificielle révélée par la chimie. De là les tentatives plus ou moins heureuses des digestions confiées au gros intestin ou sollicitées d'un estomac devenu plus ou moins incapable, à l'aide de substances peptonisantes importées du dehors. Idée heureuse à coup sûr, à laquelle l'avenir réserve certainement un succès relatif, mais qui n'a pas encore donné tout ce qu'elle semblait promettre de prime abord, et qui laisse encore la première place dans l'action thérapeutique à l'hygiène, qui, moins ambitieuse, se contente de déterminer et de mettre en jeu utilement les multiples conditions de la digestion stomacale ou intestinale.

Les lésions du sang, autrefois absolument ignorées, ou ce qui était pire, rêvées par les pathologistes, sont aujourd'hui bien connues dans leur expression symptomatique, aussi bien que dans leur genèse et leur évolution. On sait pertinemment qu'un régime alimentaire insuffisant, qu'une digestion défectueuse, que la lésion définie de certains organes, que l'introduction dans l'économie de certaines substances alibiles, qu'une dépuration incomplète, que des déperditions excessives, que certaines modifications du système nerveux aboutissent fatalement, et par un mécanisme physiologique bien déterminé et bien apprécié, à la déchéance d'un ou de plusieurs des éléments constitutifs du sang ; et la thérapeutique armée de ces notions parfaitement positives, conjure, éloigne ou corrige ces causes nocives, et au moyen de remèdes directement reconstituants, administrés suivant des règles sûres, rend au sang ses éléments normaux : globules, plasma, matières albuminoïdes.

Les travaux récents n'ont que médiocrement ajouté aux connaissances que nous possédions sur les maladies et les lésions des organes respiratoires depuis cinquante ans ; et la thérapeutique, aujourd'hui comme alors, puise toujours aux mêmes sources ses moyens et ses raisons d'agir ; cependant elle a trouvé dans le laryngoscope un moyen d'information d'une grande importance pour connaître, sinon d'une grande efficacité pour combattre le mal.

Peut-être même l'activité et l'impatience de rigueur qui dévorent l'esprit scientifique des temps présents ont-elles créé un piége au traitement de cet ordre d'affections, en reléguant au second plan des notions, cependant absolument indispensables à une bonne et légitime action curative.

Préoccupé outre mesure de la lésion de tissus actuelle, qu'elle soit aiguë ou chronique, on oublie peut-être trop aujourd'hui la prédisposition qui l'a préparée, les conditions spéciales aux temps, aux lieux, aux individus qui la caractérisent et la compliquent.

Jamais on n'avait vu réaliser en aussi peu de temps tant et de si grandes connaissances que celles que nous ont données sur les lésions et les maladies du système nerveux, les méthodes d'investigations modernes ; mais le profit thérapeutique est encore bien modeste, et on pourrait presque dire qu'il se réduit à ceci : que nous savons actuellement l'inanité et quelquefois même les dangers de certaines médications autrefois acceptées et préconisées classiquement ; savoir ce qu'il ne faut pas faire, *primum non nocere* ; certes c'est déjà bien important ; cependant il y a dans ces notions accumulées récemment des germes d'actions utiles que chaque jour augmente et féconde et qui autorisent les plus légitimes ambitions.

La constatation de la chaleur fébrile et des températures locales au moyen d'instruments de précision, la détermination des causes physiologiques et des conséquences de ces surélévations de température, la systématisation de ces tracés, ont ouvert à la thérapeutique un champ d'action qui a été énergiquement et fructueusement exploité. Préconisées au début sans règles ni mesure, éprouvées ensuite par la pratique et des discussions dont celles qui ont eu lieu dans notre ville n'ont pas été les moins utiles, ces méthodes de réfrigération ont mis entre nos mains une arme d'une souveraine puissance pour dompter et conduire à bien des processus morbides divers qui naguères se jouaient de nos efforts et faisaient le désespoir des médecins.

Les grands résultats que je viens d'esquisser rapidement, et bien d'autres que je passe sous silence, sont les fruits légitimes de l'effort de la clinique et du laboratoire moderne. Isolés, et marchant chacun dans sa voie, ces deux modes d'investigation resteraient peut-être sinon stériles, au moins relativement inefficaces ; combinés ensemble, contrôlés et inspirés l'un par l'autre, ils tendent et aboutissent aux magnifiques conclusions thérapeutiques que nous constatons tous les jours.

Ce sont là les deux puissants facteurs des progrès de la

thérapeutique de l'avenir; mais à côté et au-dessous d'eux il en est un troisième que nous devons signaler et glorifier aussi, pour les moyens qu'il met entre nos mains et qu'il perfectionne chaque jour. Je veux parler de la pharmacie. Que de richesses, que de préparations sûres, efficaces et puissantes elles nous a données et nous donne chaque jour ! ! Quand nous recherchons une action énergique et déterminée, combien nous sommes plus certains de l'obtenir avec les produits perfectionnés et nettement définis de ces officines si savamment organisées et outillées, qu'avec les formules compliquées et confuses dont disposaient nos prédécesseurs immédiats !

Mais ici il faut le confesser, l'ivraie abonde, se mêle au bon grain et souvent l'étouffe et l'empêche de germer, et la thérapeutique savante recule et périclite.

L'officine, s'emparant des données expérimentales recueillies ailleurs, prépare la substance reconnue active, la présente sous des formes en général agréables, l'annonce pompeusement et l'offre directement au malade, sous le couvert de noms plus ou moins connus, si bien que c'est le patient qui fait le diagnostic, qui constate et détermine l'indication et qui va en pleine sécurité au remède que lui présente une main intéressée, absolument incompétente ou souvent odieusement coupable.

La médecine et les médecins sont supprimés au grand dommage du malade et du respect dû à notre science. C'est la recette populaire qui se transmet de mains en mains, moins le désintéressement et la naïve confiance de celui qui la préconise.

D'autres fois l'officine, plus honnètement habile, s'adresse directement au médecin lui-même, et lui parlant un langage scientifique en apparence irréprochable, cherche à le convaincre que le symptôme constaté, il n'a rien de mieux et de plus sage à faire que de prescrire une spécialité triomphante. Témoin l'exposé suivant type de ceux que nous recevons en si grand nombre :

« La propriété la plus remarquable du C..., prescrit sous « forme d'élixir toni-radical, est son action tonique sur la « muqueuse stomacale, action éminemment toni-sédative; « secondairement celle-ci, à l'aide des expansions nerveuses « du pneumogastrique, impressionne tous les départements « du nerf vague et se propage par continuité réflexe à l'in- « nervation générale.

« Comme effet local, la sédation succède à l'éréthisme « fonctionnel névralgique ou sécrétoire de l'appareil digestif; « réactionnellement l'influx nerveux tend à rentrer dans ses « limites physiologiques.

« Cet ensemble organoleptique constitue l'action toni-radi- « cale (Barthez) ou névrosthénique (Trousseau) du Col., du « remède. Elle est surtout merveilleusement indiquée contre « les troubles fonctionnels de nature atonique qui se présen- « tent au déclin des grandes pyrexies, etc., etc. »

Suivent plusieurs colonnes avec observations plus ou moins authentiques à l'appui.

Comment résister à une pareille leçon faite en de tels termes et ne pas prescrire le puissant et toni-radical remède dont l'action est si clairement et si magistralement constatée, sous le couvert des noms les plus respectés de la science médicale.

L'officine a certainement le droit d'être fière de son œuvre, et nous lui devons, nous, une grande reconnaissance de l'aide et de l'assistance qu'elle apporte à la guérison des malades. Mais pour que l'œuvre thérapeutique commune prospère, il faut que chacun reste à sa place et que le médecin n'ait pas à se défendre constamment contre la tentation de se dérober à sa tâche propre, qui est de déterminer les indications et les nuances, pour abdiquer au profit des spécialistes ou des spécialités pharmaceutiques.

Aujourd'hui, soit modestie, soit éblouissement causé par les merveilleux progrès de ses coopérateurs en thérapeutique, la pharmacie et le laboratoire, la clinique naguère si glorieuse et si fière, se fait petite, s'efface et reçoit volontiers une direction qu'elle seule cependant peut donner efficace et fructueuse. En y réfléchissant, on s'explique et on comprend cette apparente anomalie; l'esprit moderne, enivré de positivisme et de rigueur absolue, incline aux procédés et aux solutions rigoureuses qui sont le propre des sciences dites exactes, et n'accorde qu'une attention distraite et quelque peu méprisante aux appréciations thérapeutiques, souvent timides et quelquefois hésitantes de la clinique proprement dite.

Pour que la thérapeutique cependant progresse définitivement, il faut que l'accord et l'harmonie se fasse entre ces trois forces, ces trois activités, et que chacune prenne le rang et le rôle qui lui appartient. A coup sûr il serait plus qu'inutile au milieu de vous, et dans cette enceinte, de développer cette idée qui est la caractéristique capitale de cette école lyonnaise, qui de tous temps s'est distinguée entre toutes par la pondération de ses doctrines et dont vous êtes les représentants les plus autorisés.